无“废”社区：
社区堆肥一点通

李彦明　常瑞雪　罗文海　主编

李国学　李　季　主审

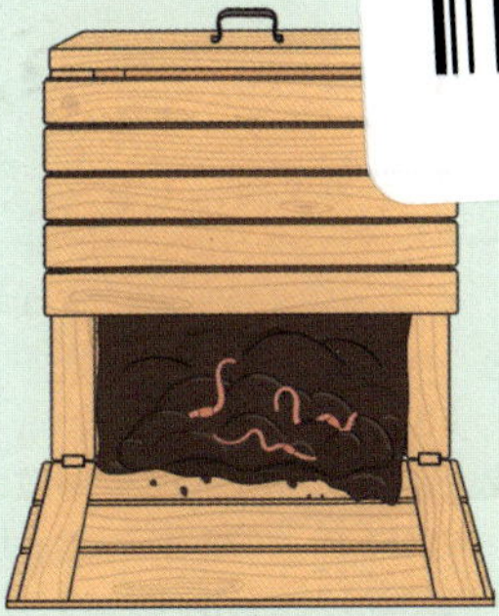

中国農業大學出版社
China Agricultural University Press
·北京·

内容简介

有没有什么办法可以让小区里的枯枝落叶、厨余垃圾等“变废为宝”？答案是“有”。堆肥，还大家一个无“废”社区。那么如何制作堆肥？如何避免堆肥中的病原菌传播？怎样安全施用堆肥？本书详细讲述了社区堆肥操作和管理所涉及的垃圾分类、原料选择、堆肥操作、环境卫生与安全，以及所需工具与设施等，帮助您快速掌握堆肥方法，成功踏上堆肥之旅。

图书在版编目（CIP）数据

无“废”社区：社区堆肥一点通/李彦明，常瑞雪，罗文海主编. --北京：中国农业大学出版社，2023.12（2025.10重印）

ISBN 978-7-5655-2944-3

Ⅰ.①无…　Ⅱ.①李…②常…③罗…　Ⅲ.①社区—有机垃圾—堆肥—废物综合利用　Ⅳ.①X705

中国国家版本馆CIP数据核字（2023）第019761号

书　　名　无“废”社区：社区堆肥一点通

作　　者　李彦明　常瑞雪　罗文海　主编

策划编辑　刘　聪　　　责任编辑　刘　聪

封面设计　麦莫瑞文化

出版发行　中国农业大学出版社

社　　址　北京市海淀区圆明园西路2号　　　邮政编码　100193

电　　话　发行部010-62818525，8625　　　读者服务部 010-62732336

　　　　　编辑部010-62732617，2618　　　出 版 部 010-62733440

网　　址　http://www.caupress.cn　　　E-mail cbsszs@cau.edu.cn

经　　销　新华书店

印　　刷　涿州市星河印刷有限公司

版　　次　2023年12月第1版　　2025年10月第3次印刷

规　　格　130mm×185mm　　32开本　　2.625印张　　37千字

定　　价　16.00元

序言

早在2018年，万科公益基金会在2018—2022年五年规划中以“美美与共的未来家园”为愿景，从社区环境切入，追求可持续社区建设，将“社区废弃物管理”设为基金会旗舰项目，并通过搭建“公益强生态”平台，携手政府部门、社会组织、社区居民、学术机构、企业员工和志愿者等相关方，以垃圾分类为抓手，从前端推动垃圾分类到后端探索有机废弃物就地资源化技术，久久为攻，逐步形成了办公、居民小区、学校、博物馆等“零废弃”多类场景。

随着我国城镇化进程的加快，城市人口数量、居民社区建设面积、各类工作生活场景的丰富度等都在持续增加，由这些区域产出的厨余垃圾、园林绿化垃圾等有机废弃物的量也与日俱增，成为社区可持续建设及社区物业管理所面临的重要难题，也成为建设生态文明不得不面对的挑战。2020 年 10 月起，万科公益基金会与万科物业开展合作试点，探索园林垃圾堆肥技术以助力社区内园林土壤有机改良。2021 年，为进一步明确社区内园林（绿化）垃圾就地资源化利用的技术应用标准，万科公益基金会与中国农业大学资源与环境学院的李彦明博士团队合作了“春泥行动——不同城市社区有机固废堆肥技术研发与指南编制”项目。历时 4 个多月，我们在全国范围内联合万科物业服务的分布在 10 个城市的 11 个小区，开展社区垃圾分类及厨余绿化堆肥研究。重点研发了适合社区快速堆肥处理的环境友好型、操作便捷型、客户体验友好型堆肥设施及配套工艺技术；在此基础上，科研团队也编制了社区堆肥技术指南，最终打磨出这本《无“废”社区：社区堆肥一点通》，希望能为全面推广社区有机废弃物就地处理、循环利用提供技术保障和参考。

中国农业大学资源与环境学院师生团队立足于基层社区扎实调研，认真梳理并生动地描述了社区场景下原料选择、设施匹配、堆肥工艺及堆肥利用等全流程内容，深入浅出，言简意赅。参考本书，不仅能快速系统地了解社区堆肥关键技术，而且能深刻理解堆肥原来是操作很简便、环境很友好的工艺，让人生出着手行动的想法。在此衷心地感谢李彦明博士及其团队成员的专业能力和身心投入，也希望这本小册子能为社区有机废弃物就地处理和资源化利用提供技术支撑和参考，并对有效促进垃圾分类、建设无“废”城市以及提升国家生态文明都能有所助益。

万科公益基金会秘书长

2023 年 11 月

前言

我国正处于城镇化快速发展阶段，城镇居民对生活水平和居住环境的要求越来越高，而每天产生的大量有机废弃物对生态环境造成的不利影响也越来越大。在绿色低碳循环发展的大背景下，绿色已成为今后社区发展的底色。社区作为城市重要的组成单元，对推动城市绿色发展的作用日益重要。为美化社区环境，社区业主委员会、居民志愿者以及公益组织的工作人员经常化身辛勤的园丁去装点和绿化所居住的社区，本书则为他们提供了正确且环境友好的方法——利用厨余垃圾和园林绿化废弃物等在社区或自家庭院制作堆肥。对很多社区居民来说，垃圾和废弃物的有机循环利用已经成为打造可持续社区和建设美丽家园的优先选择。

2017 年以后，新的垃圾分类方法不但给社区居民生活带来了挑战，也给城市可持续高质量发展提出了新要求。

推动社区厨余垃圾和园林绿化废弃物的协同处理和肥料化利用，构建从“餐桌到土壤”的有机循环链，是“低碳社区”和“无‘废’城市”的重要实践。因此，我们希望借助本书来推动社区有机循环和碳减排行动，助力我国碳达峰和碳中和行动。

在全球环境治理转型背景下，人口、资源与环境问题关乎地球系统能否更好地健康、稳定运转，若要维持人类社会的可持续发展，人类社会必须转向以可再生资源为基础，反复使用和循环利用的经济发展模式。自 2015 年以来，欧美日等发达地区（国家）相继出台了系列绿色低碳循环发展相关的法案。促进有机废弃物资源化利用不仅要依靠各级政府和社会组织，还要借助社区物业和居民的力量，只有多方通力协作才能做好社区内有机废弃物的分类投放、分类收集、分类运输、分类处理和循环利用，最终“变废为宝”。我国出台的《中华人民共和国循环经济促进法》《中华人民共和国固体废物污染环境防治法》和《生活垃圾处理技术指南》等虽然规范了城乡有机废弃物集中处理利用的技术要求，但是目前尚无专门针对社区有机废弃物就地处理利用的法律法规或技术规范。

我国社区有机废弃物就地处理和循环利用仍处于起步阶段，若大家准备利用有机废弃物制作堆肥，前期要如何进行生活垃圾分类？如何做好堆肥操作？如何管理堆肥过程？怎样安全施用堆肥？本书都会逐一解答。垃圾分类的好坏会直接影响堆肥产品的质量和安全，并不是所有的有机废弃物都能在社区场景下进行堆肥处理和循环利用。若操作或管理不当，可能会降低周边的环境质量，尤其是在恶臭气体排放、病菌传播、土壤退化以及地下水污染等方面，会增加社区环境卫生管理的难度。

要想以环境友好的方式开展社区堆肥，就需要遵循因地制宜的实践原则。作为绿色低碳社区的推动者，我们希望为所有参与社区堆肥和有机循环的人们提供清晰明确的技术指导，同时为社区废弃物管理者提供正确的决策参考。

李彦明

2023 年 12 月

编审人员

主　编：李彦明　常瑞雪　罗文海

副主编：袁　京　李扬阳

编　者（按姓氏笔画排序）：

王　珏　王安琪　王凌霄　孔艺霖　乔如陆

仰　颉　刘佳琪　刘　源　闫召伟　杜　涓

李明章　杨　佳　杨　燕　陈　杰　武晓清

孟　欣　赵悦辉　徐志程　蔡岳池

审　定：李国学　李　季　谢　冰　周传斌　张雪华

谭中欣　王　选

目录

一、社区堆肥技术概要

社区有机废弃物堆肥要遵循因地制宜和绿色低碳循环的原则，坚持政府、物业和居民多方协作，在精准分类、合理选址、规范操作和安全使用的基础上，打造社区有机循环链，促进垃圾源头减量，建设美丽家园。

选址 优先选择土地裸露、采光通风良好且位于下风向的场地；避开一些铺石头、混凝土或者沥青的地方，以及易积水的洼地。优先选用可使堆体底部直接接触土壤的设施，以便土壤中蚯蚓和有益微生物等能够参与堆肥。

起堆 在平整的土地上先铺撒一层 20 cm 左右厚的腐熟堆肥等物料（也可用园林绿化废弃物替代），便于物料底部自然通气和吸附上部物料产生的渗滤液。其上再堆置混合均匀的细粒（粒径 ≤ 5 cm）物料，这些物料可以是经过预处理的园林修剪枝、落叶、草屑和厨余垃圾等。

匀料 去除杂物后的堆肥原料须彻底破碎并充分混合均匀，原料的种类越多越好，以便相互之间性质互补、协同腐化。

接种 堆肥前，可将含丰富有机质的森林土、花园土、腐熟堆肥或市售菌剂作为“微生物接种剂”与堆肥原料混合（添加比例不超过 20%），实现微生物接种。

控湿 堆肥微生物降解、转化各种原料时需要保持一定的湿度，最好使堆体物料一直处于海绵拧干水后的状态。

控量 切忌一次性投加过多含水量高的堆肥原料，否则易导致堆体内部厌氧，产生大量恶臭气体。

控料 含有肉类、骨头或熟食等较多的厨余垃圾易滋生蚊蝇，易吸引猫、狗、鼠等，宜在堆体温度超过 55 ℃或高温干化处理后，再将厨余垃圾埋入堆体高温区，并与高温物料充分混匀。

控风 确保堆体处于良好的通风状态：

- 合理调配粗、细物料比例并充分混合；
- 合理设置堆肥设施通风孔的数量和位置；
- 若不得已在铺装地面上进行堆肥操作，可在底部铺设一层木屑或透气砖等，确保物料底部空气流通。

翻堆 堆体高度下降超过 10 cm 后应进行翻堆操作（即重新充分翻拌发酵物料），这有助于重塑堆体内空气流通的微孔结构，以及物料的破碎与匀质化。腐熟堆肥可在翻堆时同步筛出，并将筛上物回流至未腐熟的堆体中。

控臭 可将腐熟堆肥或粉碎好的木屑、落叶等覆盖在新建堆体的顶部，这有利于堆体保温，提高其无害化程度，还可控制恶臭气体的产生。

二、为什么要进行垃圾分类？

垃圾分类是国家绿色发展的必然路径，需要全民参与。社区垃圾分类能促使居民勤俭节约，减少铺张浪费，养成良好的低碳生活方式，从而推动美丽社区与和谐家园的建设。

1 保障环境安全和身体健康

生活垃圾，特别是易腐败的厨余垃圾，若分类处理不当，易滋生蚊蝇和病菌，污染空气、水体和土壤，甚至威胁人类身体健康。做好垃圾分类可很大程度上避免厨余垃圾引发的大面积环境卫生问题，有助于后续无害化处理和资源化利用，促进生态环境的和谐发展，保障人们的身体健康。

2 推动资源再生和循环利用

垃圾分类能够分出生活垃圾中的可循环利用部分，如塑料、玻璃、金属、衣物等，将其循环利用可以减少焚烧或者填埋的垃圾数量，从而节约不可再生资源，促进人类社会和社区可持续发展。垃圾分类后，通过处理的、含有大量有机质和氮磷等养分的厨余垃圾能够转化为可利用的清洁能源和有机肥。

3 降低垃圾处理的社会成本

居民日常生活中产生的垃圾种类多、数量大，如果不进行垃圾分类，不但会增加垃圾贮存、收集、运输的负荷，而且会增加后续处理难度和处置成本。进行垃圾分类能够促进社会资源的合理配置，实现垃圾的分类处理和分质利用，提高垃圾的综合利用率、降低垃圾的处理成本。

三、为什么要进行社区堆肥?

有机废弃物堆肥已成为世界各国民众关注的焦点，大致可将开展社区堆肥的好处归纳为以下六点。

1 降低对垃圾填埋与焚烧的依赖，减少温室气体排放

传统废弃物处理方法已经不能满足当今环境管理新要求，因为垃圾填埋时会产生大量的温室气体（主要是甲烷）、臭气以及渗滤液等，会导致全球变暖，甚至周边土壤和水体环境都会被污染。垃圾焚烧则会产生大量的有害气体和灰烬。堆肥是一种模拟自然界有机物分解的方法，不仅可实现生活垃圾无害减量，还能收获对土壤改良和植物生长有用的副产品。

小贴士：

社区堆肥是公众参与，使生活垃圾源头减量的重要途径！

2 促进营养物质回归土壤，利于植物健康生长

城市社区的土壤相对贫瘠，质地普遍较差，但厨余垃圾和园林绿化废弃物富含养分资源，并且含有有益的促生物质和矿物质。厨余垃圾和园林绿化废弃物的堆肥产品含有丰富的有机质，以及氮、磷、钾和有效微量元素等营养

物质，回归土壤生态系统后，可被植物吸收利用。堆肥施入土壤后可改良其结构与质地，同时增加土壤有机质含量，提升土壤的保水、保肥和透气性能，减少水土流失，为植物营造适宜的生长环境，从根本上提高和改善社区土壤质量，造福整个社区生态系统。

3 节能环保，实现社区绿化减药减肥的目的

施用堆肥不仅能增加土壤肥力，还能提高植物对病虫害的抵抗力，减少农药施用量。另外，堆肥属于缓释型肥料，内含的各种物质会以不同的速率矿化分解，营养物质释放缓慢且长效。堆肥比化肥的营养成分丰富，能有效增加并补充土壤养分，大大减少植物对化肥的需求量。因地制宜实现社区有机废弃物就地资源化利用，可以有效降低有机废弃物处理和运输中的碳排放量，减少化肥和农药施用量，助力社区节能环保。

4 提升土壤生态系统中的有益生物丰富度

土壤健康事关整个社区内绿化区微生态系统的稳定性。施用堆肥能增加土壤中有益生物的多样性。堆肥对土壤的作用，类似于益生菌对人体的作用，既能抵抗疾病，又能维持生命功能。同样，土壤也需要培养大量有益有机体，它们可以分解有机物质，改善土壤结构，并为植物创造适宜的环境。堆肥含有大量的有益生物，如微生物、藻类、苔藓、蚯蚓和昆虫等能够共同促进土壤中的营养元素转化，将动植物残体中的有机物质分解并转化为腐殖质，同时改善土壤透气保水性。大量研究表明，土壤有机质含量越高，土壤生物的多样性就越丰富，含量也越高。

5 消除有机废弃物中的有害生物传播和对环境的污染

有机废弃物的好氧堆肥过程会产生 55 ℃以上的高温，可将有机废弃物携带的各类病菌、虫卵、杂草种子等有害生物灭杀，消除蚊蝇滋生问题，避免有害生物传播造成卫生安全风险。腐熟良好的堆肥可在不使用农药的情况下减轻植物的土传病害。好氧堆肥过程可利用微生物将含致臭物质的有机物快速分解转化，避免恶臭气体传播造成的二次环境污染。

6 促进社区的环境美化和有机循环

社区是人们日常生活的重要场所，绿化、美化、净化一直是社区生态文明建设和绿色可持续发展的重要工作。社区绿化的主体是绿色植物，绿色植物在美化环境和净化空气中具有重要的功能和作用。实施社区堆肥技术规范，可以让社区有机废弃物从垃圾变成堆肥产品，再以有机肥的形式进入绿化区土壤，实现有机物在社区内部循环流动，进而培育出肥沃的社区土壤。通过从土壤中来、到土壤中去的有机循环，可以促进社区进入低碳排放甚至零碳排放模式，达到垃圾源头减量和资源化的目标。

四、社区堆肥可用原料有哪些？

理论上任何含有可生物降解的有机物质都能进行堆肥，但并不是所有有机物料都适合社区堆肥。

1 适宜的物料

（1）园林垃圾

① 枯枝落叶。枯枝落叶是社区绿化中最容易收集到的适宜堆肥的物料之一，堆肥前也要将所有树叶先粉碎。适合堆肥的树叶包含梨果及核果树叶、槐树叶、栾树叶、枫树叶、椴树叶、柳树叶、白蜡树叶、花楸树叶、赤杨树叶、普通榛树叶等。但是有些种类的树叶难以分解，例如银杏叶、橡树叶、栗树叶、杨树叶、桦树叶、梧桐树叶、山毛榉叶、核桃树叶、云杉树叶、金合欢树叶等。这类树叶，尤其是橡树叶，在分解的过程中会释放出导致堆肥酸化的单宁酸，建议在堆肥时添加适量的石灰或黏土矿物（膨润土）。

② 新鲜草屑。绿化养护产生的新鲜草屑的含氮量和含水量很高，易腐烂变质，直接作为堆肥原料易出现厌氧反应，产生甲烷和其他臭气。因此，建议将草屑适当干燥后使用，或者使用时掺混其他结构较好的物料，如堆肥成品、干树叶、林木碎枝、木屑等。

③ 修剪枝条。绿化养护产生的林木枝条难以直接用于社区堆肥，需要用修剪机或粉碎机对其进行粉碎处理，粒径控制在 5 cm 以下即可。粉碎后的枝条添加到堆肥物料中可提高堆体的透气性。

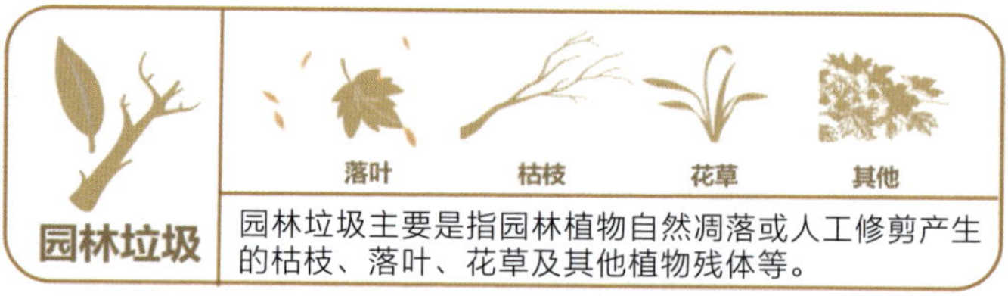

图4－1　园林垃圾类别

（2）厨余垃圾

厨余垃圾包括瓜果皮壳、鱼骨鱼刺、菜帮菜叶、剩菜剩饭、过期食品、茶叶渣、咖啡渣、调料等，进行堆肥操作时需要进一步取出残余的杂物。鼓励社区进行源头分类，减少后续工作量。

关于厨余垃圾的提示：非蔬菜类厨余垃圾（肉类、香肠、鱼屑、骨头）不建议直接用于社区堆肥，以免堆肥过程因管理不善或操作不当而无法满足环境卫生的无害化要求；此类原料若要进行社区堆肥，需先进行粉碎处理，当堆体温度超过 55 ℃后，再将其埋入堆体高温区，并与高温物料充分混匀，期间要防止啮齿动物和害虫对堆体的破坏。

图4-2　厨余垃圾类别

2　需要注意种类和用量的物料

（1）纸张和硬纸板

少量的报纸或厨房用纸也可进行堆肥。有些纸质材料含有不利于堆肥发酵的添加剂，因此建议优先将其投放至可回收垃圾桶，促进纸制品的回收利用，如报纸等印刷纸，以及包装水果、蔬菜的纸盒或鸡蛋托盘等在内的硬纸板。

（2）宠物垫料

植物性垫料（如木材或稻草垫料）可直接用于堆肥，颗粒状垫料不可以用于堆肥，除非有可生物降解的特别说明。兔子、仓鼠、鸟类等宠物的垫料应与稻草和木质堆肥物料充分混合。社区堆肥的物料不建议加入狗和猫等食肉宠物的垫料和排泄物。

（3）草木灰

在社区堆肥过程中，可加入少量生物质原料燃烧所产生的草木灰，以补充堆肥的矿物成分和调整混合物料的酸碱度。草木灰应与其他物料充分混合，但是不宜大量使用。

3 不适宜的物料

油漆

一次性纸尿布

消毒纸巾

木板

图4-3　部分不宜使用的物料

· 入侵植物，如葎草、黄顶菊、铜钱草。

· 刚打过除草剂（复合产品）的修剪废草。

· 含化学物的木材和刨花板。

· 抽油烟机油泥、煤渣、炉灰。

· 消毒纸巾、一次性纸尿布。

· 淤泥（排水沟、池塘、沟渠、湖泊等清淤底泥）。

· 真空吸尘器袋。

· 玻璃、金属、塑料以及复合材料。

· 建筑废弃物及砂浆。

· 油污及油漆残留物。

4 禁用的物料

社区堆肥操作中，要严防堆肥原料中混入有害垃圾，若发现此种情况，应立即弃用这些原料。

· 生长期因枯萎病迅速死亡的植物，如紫菀、草莓和西红柿等。

· 有枯萎病的覆盆子。

· 有根肿病的卷心菜。

· 有白腐病的球茎和块茎。

· 带珊瑚斑病的枯枝。

· 有火疫病的苹果树枝、梨树枝、栒子属植物树枝、红白山楂树枝以及花楸树枝等。

植物的病株和被沾染的废弃物都应放入其他垃圾分类桶，或直接送到集中式高温堆肥厂。

图4-4　蔬菜患病叶片

五、堆肥的无害化利用

采用环境友好的正确的堆肥操作，提高有机废弃物堆肥过程的无害化程度，对确保社区居民和植物的健康至关重要。

社区厨余垃圾包括肉类蛋白和动物性的脂肪类物质，腐败垃圾中可能会含有大量的致病菌，如大肠杆菌、沙门氏菌和金黄色葡萄球菌等，以及霉菌及其产生的毒素，若处置不当，可能会导致某些疫病的感染或传播，如坏死性肠炎、败血症、肺炎等。同时腐败过程中会产生经微生物发酵后的气体，如硫化氢、氨气等，这些气体可能刺激人和动物的呼吸道黏膜，引发呼吸道疾病。

堆肥过程中物料被微生物降解会产热升温，适当的高温条件可以有效减少臭气排放、杀死病害虫卵、灭活杂草种子，减少污染气体、渗沥液和病原微生物等带来的安全风险。堆肥产品施入土壤还可以有效抑制植物土传病害，改变土壤的微生物构成。

小贴士：

体积较小的堆体（小于 0.5 m^3）难以在堆肥过程中产生高温，即使产生高温，持续时间也很短，不能实现对所有物料的彻底无害化处理，不能有效杀灭所有的动植物病原菌、害虫及其虫卵、杂草种子等，可通过多次翻堆来提高无害化程度。

社区堆肥的无害化要求：在充分翻堆的情况下，堆体温度≥55℃且持续 10 天以上，或堆体温度≥60℃且持续 7 天以上。

一般来说，有机废弃物及其堆肥对人体是无害的，但可能对部分过敏体质和免疫系统较弱的人产生风险，建议此类人群避免参与社区堆肥或者接触堆肥物料。

六、社区堆肥需要的设施和工具

适合社区堆肥的设施主要有堆肥箱、堆肥袋、堆肥桶等，应用较多的是堆肥箱。此外，还需要一些基本工具来辅助完成堆肥。

1 常见堆肥设施及要求

堆肥设施应该结构简单、通风良好、易于装卸物料和翻堆。社区里的堆肥设施应美观大方，且能与周边环境融为一体，可因地制宜选用木质、金属或塑料等材质。

图6－1　社区常用堆肥箱类型

2 工具与材料

在社区堆肥过程中，除了选择合适的堆肥设施，还需要一些基本工具或材料来辅助完成堆肥，具体如下。

① 园林修枝剪刀、破碎机等原料预处理器具；

② 铁锹、推车、叉子等物料搬运、翻堆的操作工具；

③ 手套、口罩等劳保防护用具；

④ 微生物菌剂、森林土、花园土、腐熟堆肥等加快腐熟的添加物。

图6-2 堆肥过程中的常用工具

3 附属设施

在社区堆肥过程中，难免会遇到下雨或下雪等天气，此时堆肥点就需要一些防水、防雨和保温等的附属设施。可在堆肥处建造雨棚来防水防雨，或者建造堆肥小屋来防风保温。

除堆肥场地外，还应配置专门的原料堆放间。不同的原料储存方式不同，例如，夏季绿化废弃物体积较大，且树枝和树叶处理方式不同，最好能分开堆放；草屑容易变质腐败，收集后需要马上堆制或分成小堆铺开；厨余垃圾易腐烂，必须尽快堆制。

七、如何进行堆肥操作？

堆肥场地选择和操作流程包括物料调配、堆体搭建，过程管理等，都要根据科学依据进行规范操作，基于科研成果的社区堆肥工艺，可加快发酵进程，实现快速腐熟的目的。

1 场地选择与要求

堆肥的选址应是方便到达、材料装卸距离短，同时要有能够在不同的天气条件下承载运输车辆的坚实地面。通常社区里最方便的堆肥场地是在垃圾中转站或垃圾压缩站附近。然而，特定场地的便利性必须考虑区域面积、附近居民、可见性等因素。总之，场地既要满足设备的面积需求，又要能保证在所有天气条件下都能进行堆肥，同时要控制环境风险、气味和噪声。除此之外，还需要考虑社区居民的日常生活和娱乐。

社区堆肥场地的选择需要根据社区的实际情况来确定，可优先选择符合以下条件的场地：

① 一片独立空间，一般为 50~100 m^2。

社区每天都会产生有机废弃物且产生量较大，为了方便，需要独立的场所进行堆肥原料和产品的储存。

② 尽量远离居民居住楼，选择开阔平整的空地。

避免在一些敏感区域如社区娱乐点、老年人活动中心等附近选址。选址还应该远离周边的住宅，而且最好远离居民的视线。

③ 避免在上风口选址，尽量选择坡势较高、阳光较好的下风口处，减少堆肥过程产生的异味对居民的影响。

④ 为了方便操作，堆肥选址与社区内垃圾中转站距离不宜太远，以便运输和施用肥料，水、电及其他能源要有保障。

⑤ 靠近规模化绿化种植区。

社区堆肥产物为有机肥，可直接施用于社区绿化带，让有机物在社区内部以最短的距离循环流动，推进社区进入低碳排放甚至零碳排放模式。

由于社区是城市人民生活的主要场所，除上述条件外，还应在选址前征求居民的意见，对居民进行堆肥优点的教育宣传，以得到居民的认可。

2 物料调配要求

有机废弃物的好氧堆肥发酵过程是由微生物主导完成的，因此满足微生物的生长条件非常重要。为了让有机物更高效快速地降解，达到稳定状态，我们就需要使堆肥原料的粒径、物料比例、含水量、通风供氧、堆肥温度或翻堆频率、营养物质、高度和宽度等堆肥条件维持在合适的范围内。

（1）含水量

水分对堆肥微生物的生长非常重要，堆肥初始物料最适宜的含水量为50%~60%，此条件有利于微生物对有机物质的降解。在社区堆肥操作中，需根据物料的实际情况进行水分调整。初始物料含水量过低或过高，都难以满足堆肥好氧微生物的生长需要，低于40%极易导致堆肥发酵失败或腐熟期延长，建议直接补加水分，或增加厨余垃圾等高湿物料的投加量；高于70%，好氧微生物生长将受到抑制，并且会产生恶臭气体，建议回流部分腐熟堆

小贴士：

抓取一把物料，握紧后若有水滴下，可判定物料含水量大于70%；若物料成团且轻摇即散开，则可判定该混合物料含水量在50%~60%；松开手后，若物料直接散开，可判定物料含水量小于40%。

肥，或提高干草或枯枝落叶等园林废弃物的投加比例。

在堆肥发酵过程中，应根据实际情况做好水分管理。若发现物料出现过干的现象，应及时补充水分，避免堆肥失败；若发现物料结块或过湿，应及时进行翻堆或回流堆肥成品，或者投加园林剪枝、落叶等干物料。建议堆肥场所采取一定的防水、防雨、防渗等措施。

（2）氧气与物料粒径

氧气是好氧微生物生长所必需的条件。若堆体物料内的氧气浓度低于 5%，就会出现严重的局部厌氧现象，厌氧区会产生大量硫化氢等恶臭气体，以及甲烷等温室气体。因此，为保证堆肥物料处于良好的有氧环境，建议参照以下条件堆肥：① 使用透气、排水功能良好的堆肥容器或装置；② 将堆体高度控制在 1.5 m 以下，宽度控制在 4 m 以下；③ 将堆肥原料的粒径控制在 2 ~ 50 mm 的范围，既保证有粗颗粒的结构性物质透气，又保证有细颗粒物质利于堆肥快速降解腐熟；④ 通过定期翻堆重塑堆体结构，保证氧气的自由扩散，同时促进堆体内部蒸发多余水分，促进有机物质的快速降解和升温。

(3)碳氮比

堆肥初始物料的碳氮比(C/N)的最适宜范围为20~30。社区常见的适用于堆肥的富碳物料包括黄化的干草、树叶、园林剪枝、干花等;富氮物料包括新鲜树叶、鲜草、果皮、菜叶、蛋壳、剩饭剩菜等。在社区堆肥实际操作中,建议利用体积比进行物料调配,富碳和富氮物料的比例按1:(1~2)混合即可。当然,在堆肥过程中最好还是根据原料的种类、粉碎度等实际情况进行调节。

图7-1 部分堆肥原料

(4)温度

温度是表征堆肥无害化程度的关键指标。在一定范围内,堆体温度越高,微生物的活性也相对较高,有机物的分解速率也越快。根据温度变化可将堆肥过程划分为升温期、高温期、降温期和腐熟期四个阶段，具体为：从室温升至 55 ℃为升温期，55 ℃以上为高温期，经过高温期后由 55 ℃降至室温为降温期，之后被称为腐熟期。大家要注意，社区堆肥的高温期持续时间必须达到无害化要求。如果堆体温度过低，将大大延长堆肥腐熟所需时间，此时可以采取一定的保温措施，例如，在堆体表面覆盖一层腐熟的堆肥、干草、树叶或者薄膜等。

3 堆肥操作流程

（1）原料预处理

为确保堆肥顺利发酵，堆肥前应先进行除杂，挑出明显不适宜堆肥的物质，如玻璃、金属、橡胶、骨头、塑料、纤维、野草或入侵性植物等。分选后需要对原料进行粉碎，以获得粒度合适的物料，缩短发酵时间，提高发酵速率。堆肥物料粒度越小，表面积越大，微生物新陈代谢越快，堆肥物的发酵速率就越高，一般建议物料粉碎粒径为 2~50 mm，这样可以保证堆体既有粗粒径的结构性物质，又有能够快速降解的小粒径物质。

（2）堆肥物料调配

堆肥初始物料的原料种类越丰富，所得堆肥产品的品质就越好。由于不同原料的营养成分差异大，建议将多种物料按照一定的比例混合后再进行堆肥，同时还要将混合物料的水分、pH、C/N、粒径等因素调节到适宜的范围，既能有效缩短堆肥腐熟周期，又能减排温室气体和恶臭气体，还能消灭病虫害，最终得到安全优质的堆肥产品。例如，园林废弃物和厨余垃圾协同堆肥的最适宜比例为 1：2（湿重比），在此基础上若能再加投 1 份腐熟堆肥，则可同时增加 1 份厨余垃圾的投加量。

（3）是否使用添加剂？

堆肥中使用的添加剂一般分为物理添加剂、化学添加剂和微生物添加剂，根据堆肥目的的不同，可以使用不同种类的添加剂。一般来说，厨余垃圾在贮存和堆肥前期会有一定程度的酸化现象，为了避免厨余垃圾酸化导致堆肥发酵缓慢的问题，我们通常会加入一些碱性物质，如 2% 左右的生石灰（干重计）。如果想要减少堆肥过程中产生的臭气，可以加入 5% 沸石或膨润土、1% 生物炭或适量微生物除臭菌剂等。添加微生物菌剂可以改变微生物群落，使堆体快速进入高温期。从社区堆肥的经济性来说，厨余垃圾和园林废弃物协同堆肥已经可以取得较好效果，一般无须再加入特殊的添加剂。为加快堆肥过程，可适当添加 0.5% 的发酵菌剂，当然也可用腐熟堆肥或者肥沃的园林土来替代，同样可以起到接种有益微生物的作用。

（4）堆体搭建

在社区里，并非所有地方都适合用作堆肥场地。我们要考虑居民的接受度，选择远离居民区的下风向和低洼位置，防止堆垛和堆肥过程产生的臭气以及积水滋生的蚊蝇引起居民不适。目前社区堆肥采用的容器主要有堆肥箱、堆肥坑、堆肥桶等，包括动态堆肥和静态堆肥两种堆肥状态。社区内设置的堆肥容器应配备通风和排水功能。定期翻堆容器中的物料，为微生物正常生命活动提供足够的氧气，避免厌氧反应产生臭气。另外，我国北方冬季温度很低，堆体升温困难，因此可以在堆肥箱外设置保温层，或是采用地下膜堆肥。

搭建堆体时，需要把腐熟堆肥或粗粒物料（如切碎的树干和树篱碎块、树枝、多年生植物的茎和花）松散地堆积到大约 20 cm 的高度，以保障堆体的排水功能，同时保障空气流通。然后铺上园林绿化废弃物、厨余垃圾和腐熟堆肥的混合物，再在表面撒上一层薄薄的土壤或腐熟物料；若堆肥发酵过程中出现渗滤液，可考虑将其收集起来；发酵后期，还应定时给物料补充水分，或回灌收集的渗滤液，避免堆体过于干燥。堆体的宽度不宜小于 1 m，高度不宜超过 1.5 m。由于居民对堆肥臭气敏感，应注意厨余垃圾与园林绿化废弃物的掺混比例，或添加园林绿化废弃物或腐熟堆肥来控制堆肥过程中产生的臭气；也可在堆体顶部铺撒 10 cm 左右的腐熟堆肥或枯枝落叶作为覆盖料，来控制恶臭气体的扩散。

（5）翻堆

翻堆是堆肥过程中较为关键的步骤之一，能够改善堆体结构。翻堆时使用铁锹等翻堆工具把物料充分抖松、拌匀，内外层物料充分混合；同时把过湿的料摊晒晾干，过干的料喷水调湿，偏酸的料用生石灰调整酸碱度。翻堆频率应根据外界环境和堆体性质决定，一般在堆肥前期一次发酵时翻堆频率较高，堆肥后期二次发酵时频率较低。外界温度低时应减少翻堆次数，减少热量散失。

4 快速堆肥方法

微生物在堆肥过程中对有机物的降解起主导作用，每种微生物群体都有适合自身生长繁殖的环境条件，并且可以分解某种或某类特定的有机物质。接种微生物可以提高堆肥初期堆体中有益微生物的总数，加快堆肥腐熟速度，且高温对消灭某些病原体、虫卵和杂草种子等效果较大，并能减少臭气的产生，增加堆肥成品中有益微生物数量。

目前应用的接种剂主要有 3 种：单一微生物菌剂、复合菌剂和有效的自然材料。其中，单一微生物菌剂包括降解纤维素、半纤维素、木质素、淀粉等功能微生物菌剂；复合菌剂则是多种功能菌株以一定比例复配制成，其效果更佳，比如 VT1000 系列、EM 系列等；有效的自然材料主要是指腐熟堆肥、森林土、花园土和菜园土等。腐熟堆肥可以就地取材，它们具有比表面积大、结构性能好，富含土著微生物且方便易得等优点，是最佳的社区堆肥添加剂。

八、如何利用堆肥产物？

在社区堆肥中，通常采用物理指标、化学指标和生物指标联合判断堆肥是否腐熟。腐熟堆肥可用作有机肥、土壤改良剂、基质等。

1 堆肥是否腐熟的判别

（1）物理指标

物理指标主要是通过观察堆肥的表观特征来确定其是否腐熟，通常情况下可以从堆肥温度、颜色、气味、水分等方面进行判断。腐熟堆肥的主要表观特征：① 堆肥后期温度自然降低，尤其堆肥腐熟后，堆体温度与环境温度趋于一致，不再发生明显变化，一般当堆体温度从高温期降至 40 ℃以下，且温度维持一周以上不变时，则可认为堆肥达到腐熟状态。② 堆肥原料一般具有难闻的气味，在运行良好的堆肥过程中，这种气味逐渐减弱并在堆肥结束后消失。堆肥腐熟后，堆肥产品具有森林腐殖土和潮湿泥土的气息，不再吸引蚊蝇。③ 不论原料的种类和性质如何，随着堆肥过程的推进，堆料会逐渐发黑，腐熟后的堆肥产品呈深褐色或黑色。另外，由于真菌的存在，堆肥表面有时会有白色或灰白色菌丝附着。④ 腐熟后的堆肥产品呈现疏松的团粒结构，较为松散。

图8-1　不同阶段堆肥物料的性状

（2）化学指标

温度、气味和颜色难以定量表征堆肥过程中物料成分的变化，也就不易定量说明堆肥的腐熟程度。所以，一般情况下会通过分析堆肥过程中物料的化学成分或性质来评价堆肥腐熟度。用来评价腐熟度的化学指标：有机质含量、氨氮含量、腐殖化程度、C/N 和有机酸等。也可用堆肥渗滤液进行测定，其中 pH 是较为适合社区操作的化学指标。用市售 pH 试纸即可完成测定（取一小把堆肥，加入 10 倍体积的纯净水，搅匀静置 10 分钟后用试纸条测定即可）。堆肥原料或发酵初期的物料呈弱酸性或中性，pH 一般为

6.5~7.5；腐熟的堆肥一般呈弱碱性，pH 为 8.0~9.0。但是 pH 受堆肥原料的影响，只能作为堆肥腐熟的一个必要条件，而不是充分条件。

（3）生物指标

社区堆肥中常用的堆肥腐熟度生物评价指标有生物活性和种子发芽率等。未腐熟的堆肥含有植物毒性物质，对植物的生长有抑制作用，因此可用堆肥和土壤混合物中植物的生长状况来评价堆肥腐熟度。植物生长试验是评价堆肥腐熟度的最常用的方法。具体操作步骤如下：

① 选一个长、宽、高均为 10 cm 的盆，也可用内衬塑料薄膜的纸盒替代。

② 将堆肥装满盒子，灌入适量的水，至倒置后无水滴下即可。

③ 称取 0.5 g 的白菜或油菜种子，然后均匀播撒在堆肥上方，并在种子上方铺撒一层薄薄的堆肥。

④ 将播种好的盆置于室外 3~7 天，观察出苗情况，地上部和根系均长势良好，则可以判定堆肥无生物毒性。

图8-2　植物生长试验

2　用作有机肥

堆肥可以用作有机肥，但由于堆肥原料来源广泛，有机肥的养分之间差别很大，不同品种肥料施用于土壤上的效果并不相同。根据不同质地土壤中有机肥的养分释放转化性能和土壤保肥性能的不同，应采用不同的施肥方案，提高作物对肥料的利用率。

沙土土壤有机质和各种养分的含量均较低，土壤保肥保水能力差，养分易流失，但沙土通透性良好，有机质分解快，养分供应快。沙土应增施有机肥，提高土壤有机质含量，改善土壤的理化性状，增强保肥保水性能，但对于养分含量高的优质有机肥，一次使用量不能太多，否则容易烧苗，并导致速效养分流失。养分含量高的优质有机肥可分底肥和追肥多次使用，也可深施养分含量低但释放慢的有机肥。沙土土壤施用社区堆肥推荐用量为 2~3 kg/m^2。

黏土保肥、保水性能好，养分不易流失，但土壤供肥慢，结构紧实，透气性差，有机质在土壤中降解缓慢。黏土地施用的有机肥必须充分腐熟；有机肥可早施，施用位置应接近作物根部。黏土土壤施用社区堆肥时的推荐用量为 1~2 kg/m^2。

3 用作土壤改良剂

堆肥作为土壤改良剂时，须考虑土壤肥力和植物生长需求。建议每年每平方米的施用量：草地和多年生植物

1.5 kg、木本植物 1 kg、蔬菜 1.5~2.0 kg；用于地表覆盖的厚度建议控制在 5 cm 左右，用作新开垦土地底肥时，每平方米施用量不宜超过 3 kg。一般来说，施用的堆肥第一年只有 8%~12% 的氮素对植物生长起作用。对于需氮量大的植物，还需要额外施用氮肥满足其需求。通常在初次施用后的 3 年内都需要配施氮肥和钾肥。堆肥产品一般呈弱碱性，可提高酸性土壤的 pH。长期施用堆肥，可满足植物对微量元素的需求，并能改良土壤。

4 用作基质

堆肥产品可用作绿化植物的无土栽培——育苗混配基质的原料，能节省大量的草炭资源。堆肥通常与其他物料混合作为盆栽基质使用，一般堆肥的体积添加比例为 1/5~1/3，这取决于植物种类和其他物料的添加量。用施有机肥代替定期浇营养液，可降低生产成本。在植物生长期间，可追施堆肥产品浸泡后的液体（水肥体积比为 10 ∶ 1），确保养分的持续供应。

社区绿化混配基质除堆肥外，还可加入泥炭藓、珍珠岩或蛭石等，推荐比例为 25% 堆肥、50% 泥炭藓、25% 珍珠岩或蛭石。用来种植盆栽草本植物和木本植物的基质推荐等体积的堆肥、粗砂和泥炭藓或松树皮碎片。为了增加包含松树皮碎片的混合基质的持水力，通常还会加入 10% 体积的泥炭藓。盆栽作物的种植更适合有机质含量较高的混合基质，包括等体积的堆肥、泥炭藓和松树皮碎片。

堆肥作为基质原料使用时，无须额外添加微量元素，因为堆肥中的微量元素含量足以供给植物生长。植物在包含堆肥的混合基质中生长时，在初期生长的 2~3 周内无须施加任何液体肥料，因为堆肥中有充足的氮、磷、钾可以供应植物的早期生长，在这个时期只需做好水分管理即可。

九、术语

1 社区有机废弃物

指家庭生活中产生的各种食物残渣、厨余垃圾和各类植物源残余物，以及社区、公园及景观园林等绿化养护中产生的废弃物。

2 堆肥化

指在人工控制条件下（水分、碳氮比等），利用微生物的分解代谢作用，使有机废弃物转化为适宜回归土壤的产物的过程。

3 腐熟堆肥

指有机废弃物经堆肥处理后所得的产物。

4 预处理

堆肥前对原料进行除杂、破碎和掺混等，以便为后续堆肥发酵创造适宜条件。

5 无害化处理

利用高温好氧堆肥技术使有机废弃物达到卫生学要求的过程。

6 安全使用

有机废弃物堆肥后作为肥料使用时，不应给社区的绿化植物和周边环境带来风险，并且其卫生学指标、施用量及注意事项应满足居民健康生活的要求。

7 有机肥

主要来源于植物和动物，经过发酵腐熟的含碳有机肥可以改善土壤肥力，给植物提供营养，提高作物品质。

8 土壤改良剂

土壤改良剂又称土壤调理剂，是一种主要用于改良土壤物理、化学和生物性质，使其更适宜植物生长，而不是提供植物养分的物料。

9 基质

能够替代土壤，为植物生长提供适宜养分等生长条件，具备良好保水、保肥、通气性能和根系固着力的、由有机物和无机物按一定比例混配的固体物质。

附　录

附录 1　社区主要可堆肥原料的理化性质

1. 绿色原料

原料	pH	含水量 /%	总碳含量 /%	总氮含量 /%
米饭	7	7~12	30~40	0~0.4
面食	6~8	10	45~50	1~2
萝卜叶	7.5~9	90	40~45	5~6
大白菜	6.5~7	90	40~50	3~4
黄瓜茎	5.5~7.2	70	40~45	4~5
甘薯茎	—	70	40~45	2~3
玉米苞皮	5~8	50	40~45	1.5~2
咖啡渣	8	75	45~50	2.5~3
内脏类	—	20	45~50	6~8
银杏树叶	5.5~6	50	40~50	2~2.5
杨树叶	5.5~6	60	40~50	1~2
柳树叶	5.5~6	70	40~50	1~1.5
枫树叶	5.5~6	50	50~60	3~4
杉树叶	5.5~6	60	45~50	1~1.5

续表

原料	pH	含水量 /%	总碳含量 /%	总氮含量 /%
槐树叶	5.5~6	65	10~20	0.5~1
松树叶	5.5~6	60	45~50	0.5~1
黑麦草	5.5~6	80	45~50	2~3
蒿草	5.5~6	75	10~20	0.5~1
茅草	5.5~6	55	10~20	0.5~1
飞机草	5.5~6	75	5~10	0.5~1

2. 棕色原料

原料	pH	含水量 /%	总碳含量 /%	总氮含量 /%
干草	6.1	15	1~3	40~45
干树叶	4.7	13	40.96	1.14
木屑	6.9	11.2	42.84	0.26
椰糠	7.6	77	—	—
修剪枝	8	40.8~55.8	44.8	0.13
腐熟堆肥	8~9	40	46.7	0.5

附录2 堆肥操作所需工具及生产厂家

1. 原料粉碎设备

公司名称	设备类型	型号	功率 / kW	处理能力 / (kg/h)	价格 / 元
舜工机械	研磨机	电机	3.6	150～200	7 800
奥洛格机械	强力粉碎机	强力 250	4	150～200	4 831
	强力粉碎机	强力 300	5.5	200～300	5 643
	强力粉碎机	强力 400	7.5	250～450	6 732
	强力粉碎机	强力 500	11	400～700	9 553
珏图机械	园林树枝粉碎机	电机型	7.5	800～1 000	5 000
	园林树枝粉碎机	电机型	11	1 000～1 500	5 700
	园林树枝粉碎机	汽油手拉	—	300～500	3 200
初朗机械	厨余粉碎机	CL 006	3.0	150～200	6 930
	厨余粉碎机	CL-3KW-380V	3.0	150～200	26 800
小逸优品	干磨机	20型	3.8	50～200	750
	干磨机	26型	4.8	100～300	950
	干磨机	28型	4.8	200～400	1 050
	干磨机	30型	4.8	300～600	1 400

2. 堆肥设备

品牌	产品名称	尺寸 /cm	容积 / L	材质	价格 / 元	功能
宜杰	旋转堆肥桶	—	140	耐寒防紫外线聚乙烯	458	可供每日3~5人家庭的厨余、园林绿化废弃物堆肥
		66 × 60 × 93.5	160		428	
		—	190		608	
	堆肥箱	60 × 78 × 80	400		510	适用于园林绿化废弃物堆肥
果攸	园艺堆肥箱	60 × 60 × 81	300	抗紫外线 PP 聚丙烯	183	适用于厨余、园林绿化废弃物堆肥
虹越	碧奥兰堆肥桶	37 × 55 × 90	120	耐寒防紫外线聚乙烯	1 649	适用于厨余、园林绿化废弃物堆肥
		80 × 80 × 115	220		5 858	可供每日5~8人厨余垃圾堆肥
沃施	堆肥箱	—	336	食品级 PP 树脂材质	522	适用于户外园林绿化废弃物堆肥

3. 其他工具

名称	型号	材质	品牌	价格 / 元
堆肥温度计	PT 14320等	ABS、不锈钢	顺科达等	25~50
电子（台）秤	ICS439-A15等	不锈钢	梦创等	80~160
翻堆曲柄	—	不锈钢	宜杰等	150
铁锹	—	钢锹	金应晖五金	40
园林剪刀	—	A3钢和65MN钢	得利	15~60
含水量监测仪	JK-100	不锈钢金属探头	鸿鑫	200
喷水壶	—	塑料	深邦	40~80
小推车	—	全新尼龙	雅冠	60~150
水桶	ss	塑料	力宁等	20
手套	透气王劳保手套	乳胶	君中艺等	2
口罩	医用口罩	无纺布、熔喷布	洁丝黛	9.9

附录3 有关国家标准和规范节选

1.《餐厨垃圾处理技术规范》（CJJ 184—2012）

好氧堆肥应符合下列规定：

① 餐厨垃圾采用好氧方式处理时，应对餐厨垃圾进行水分调节、盐分调节、脱油、碳氮比调节等处理，物料粒径应控制在50 mm以内，含水量宜为45%~65%，碳氮比宜为（20~30）：1。

② 餐厨垃圾宜与园林废弃物、秸秆、粪便等有机废弃物混合堆肥。

③ 餐厨垃圾好氧堆肥过程应符合现行技术规范《生物质废物堆肥污染控制技术规范》（HJ 1266—2022）的要求。当成品加工制造有机肥时，制成的有机肥质量应符合现行标准《有机肥料》（NY/T 525—2021）的要求。

④ 餐厨垃圾堆肥过程中产生的残余物应进行回收利用，不可回收利用的应进行无害化处理。

2.《恶臭污染物排放标准》(GB 14554—93)

本标准适用于全国所有向大气排放恶臭气体的单位管理、垃圾堆放场的排放管理，以及建设项目的环境影响评价、设计、竣工验收及其建成后的排放管理。

其中，包含恶臭气体的厂界标准值（恶臭污染物厂界标准值是对无组织排放源的限值），具体如下表所示：

序号	控制项目	单位	一级	二级		三级	
				新扩改建	现有	新扩改建	现有
1	氨	mg/m^3	1.0	1.5	2.0	4.0	5.0
2	三甲胺	mg/m^3	0.05	0.08	0.15	0.45	0.80
3	硫化氢	mg/m^3	0.03	0.06	0.10	0.32	0.60
4	甲硫醇	mg/m^3	0.004	0.007	0.010	0.020	0.035
5	甲硫醚	mg/m^3	0.03	0.07	0.15	0.55	1.10
6	二甲二硫	mg/m^3	0.03	0.06	0.13	0.42	0.71
7	二硫化碳	mg/m^3	2.0	3.0	5.0	8.0	10
8	苯乙烯	mg/m^3	3.0	5.0	7.0	14	19
9	臭气浓度	mg/m^3	10	20	30	60	70

3.《有机肥料》(NY/T 525—2021)

（1）有机肥料的技术指标要求

项目	指标
有机质的质量分数（%，以烘干基计算）	≥30
总养分的质量分数（%，以烘干基计算）	≥4.0
水分（鲜样）的质量分数（%）	≤30
酸碱度（pH）	5.5~8.5
种子发芽指数（GI）（%）	≥70
机械杂质的质量分数（%）	≤0.5

（2）有机肥料的限定指标要求

项目	指标
总砷（As）（mg/kg，以烘干基计）	≤15
总汞（Hg）（mg/kg，以烘干基计）	≤2
总铅（Pb）（mg/kg，以烘干基计）	≤50
总镉（Cd）（mg/kg，以烘干基计）	≤3
总铬（Cr）（mg/kg，以烘干基计）	≤150
粪大肠菌群数（个/g）	≤100
蛔虫卵死亡率（%）	≥95

（3）有机肥料的生产原料适用类目录

原料种类	原料名称
种植业废弃物	主要包括谷、麦、薯类等作物秸秆，豆类作物秸秆，油料作物秸秆，园艺及其他作物秸秆，林草废弃物
养殖业废弃物	主要包括禽畜粪尿、禽畜圈舍垫料（植物类）以及废饲料
加工业废弃物	主要包括麸皮、稻壳、大豆饼、花生饼、菜籽饼、油葵饼、芝麻饼、棉籽饼、茶籽饼等种植业加工过程中的副产物
天然原料	主要包括草炭、泥炭、含腐殖酸的褐煤等

4.《粪便无害化卫生要求》（GB 7959—2012）

好氧发酵（高温堆肥）的卫生要求如下表所示：

翻堆方式	温度与持续时间
人工翻堆	堆温≥50 ℃，至少持续10 d 堆温≥60 ℃，至少持续5 d
机械翻堆	堆温≥50 ℃，至少持续2 d

5.《生活垃圾采样和分析方法》（CJ /T 313—2009）

（1）采样方法

适用于堆体状态的生活垃圾，对非堆体状态的生活垃圾（桶、箱或车内生活垃圾），应先将其转化成堆体后再按下述方法采样。

四分法：将生活垃圾堆搅拌均匀后堆成圆形或方形，按下图所示，将其“十”字四等分，然后，随机舍弃其中对角的两份，余下部分重复进行前述方法，铺平并分为四等份，舍弃一半，直至达到所需要的采样量。四分法采样示意图如下图所示。

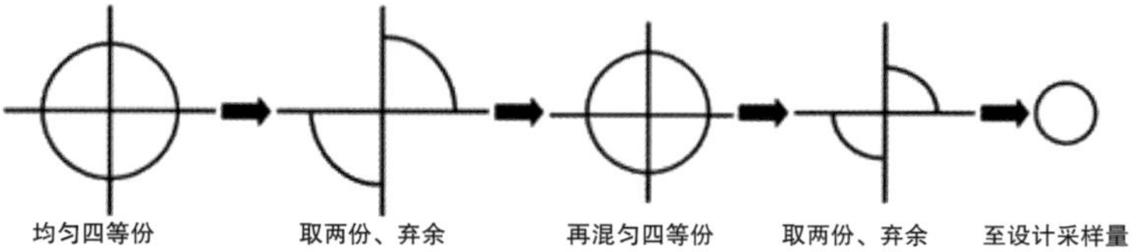

采集的样品应尽快制成堆体，如需放置，应密闭贮存在 4 ℃冰箱中冷藏，24 h 内测定。

（2）物理组成

采样后应立即进行物理组成分析，否则必须将样品摊铺在室内避风、阴凉、干净，且铺有防渗塑胶的水泥地面上。样品厚度不超过 50 mm，期间要防止样品损失和其他物质的混入，保存期不超过 24 h。

步骤：称量生活垃圾样品总质量，按照下表中生活垃圾物理组成类别分拣出生活垃圾样品中的各成分；将粗分拣后的剩余样品过筛，筛上物细分拣后分类，筛下物按其主要成分分类；依据测定目的决定是否细分；分别称量各成分质量。

序号	类别	说明
1	厨余类	各种动植物类食品（包括各种水果）的残余物
2	纸类	各种废弃的纸张及纸制品
3	橡塑类	各种废弃的橡胶、塑料、皮革制品
4	纺织类	各种废弃的布类（包括化纤布）、棉花等纺织品
5	木竹类	各种废弃的木竹制品及花木
6	灰土类	炉灰、灰砂、尘土等
7	砖瓦陶瓷类	各种废弃的砖、瓦、瓷、石块、水泥块等块状制品
8	玻璃类	各种废弃的玻璃及玻璃制品
9	金属类	各种废弃的金属及金属制品（不包括各种纽扣电池）
10	其他	各种废弃的电池、油漆、杀虫剂等
11	混合类	粒径小于 10 mm 的、无法归为上述分类的混合物

附录4 社区堆肥过程易出现的问题与解决策略

堆体出现的问题	可能原因	解决方法
无法升温	原料过干或过湿	加水或加入干湿调理剂，混匀
	氮源不足或原料中难降解成分比例过高	加入富氮组分或改变堆肥配方，调节碳氮比
	原料过酸	加入适量生石灰或木灰，混匀
	结构不合理	加入膨胀材料
	天气太冷或堆体太小	加大堆体或覆盖塑料保温膜
几天后温度连续下降	氧含量不足或水分损失过大	翻堆通气或加水
温度过高（≥70 ℃）	水分过低或结构过于密实	适量补水或翻堆通气
堆体中有大量氨气逸出	含氮量过高导致碳氮比低	加入高碳物料
	pH 过高，超过8	加入酸性成分调节或改变堆肥配方，减少碱性组分
	易降解碳源不足	加入富含易降解碳的物料
堆体中有臭鸡蛋味或腐败气味逸出	含水量过高或结构较差导致通气不畅，产生厌氧环境	加入适量干调理剂、膨胀剂、园林土或腐熟堆肥，翻堆通气
物料结块	原料混合不均匀、翻堆不足、含有大块难降解材料	分拣堆肥或粉碎堆肥，增加翻堆频率
产生渗滤液	含水量过高或结构较差导致通气不畅，产生厌氧环境	加入干调理剂或膨胀剂，翻堆通气

附录5 堆肥记录表

厨余堆肥过程管理日志													
开始日期						堆肥池编号							
日期	堆肥天数	堆肥物质量/kg				堆肥中心温度	翻堆（√）	湿度（√）		苍蝇/蚊虫（√）		臭味（√）	
		厨余垃圾	湿绿化	干绿化	堆肥熟料			太湿	太干	有	无	有	无

参考文献

［1］Bruni C, Akyol C, Cipolletta G, et al. Decentralized community composting: past, present and future aspects of Italy［J］. Sustainability,2020,12（8）:3319.

［2］陈冠益，马文超，钟磊．餐厨垃圾废弃物资源综合利用［M］．北京：化学工业出版社，2018.

［3］董青君．餐余废弃物的蚓堆肥及蔬菜育苗和栽培基质技术研究［D］．南京：南京农业大学，2020.

［4］霍普斯．生态花园实用手册［M］．赵昕译．武汉：湖北科学技术出版社，2014.

［5］姜慧敏，王文霞，任苗苗，等．黑水虻转化厨余垃圾过程中病原菌灭活规律的研究与综合评价［J］．环境科学学报，2020，40（3）:1011–1022.

［6］李国学，周立祥，李彦明．固体废弃物处理与资源化［M］．北京：中国环境科学出版社，2005.

［7］李季，彭生平．堆肥工程实用手册［M］．北京：化学工业出版社，2011.

［8］李赟，袁京，李国学，等．辅料添加对厨余垃圾快速堆肥腐熟度和臭气排放的影响［J］．中国环境科学，

2017，37（3）:1031–1039.

［9］米粒儿，李超骕．城市社区堆肥：美国实践案例研究及其对中国的启示［J］．现代城市研究，2021（3）：48–54.

［10］薛晶晶，李彦明，常瑞雪，等．厨余与园林废物共堆肥过程氮素转化及损失［J］．农业工程学报，2021，37（10）:192–197.